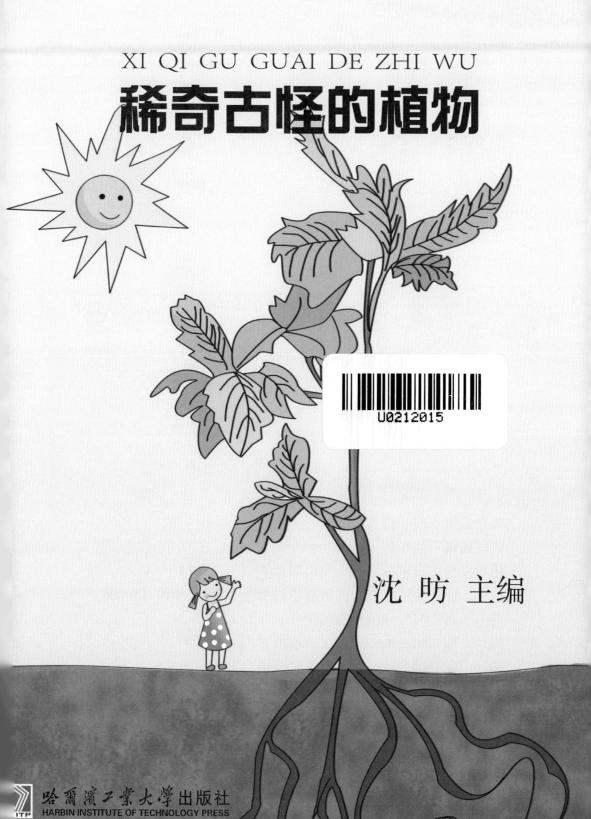

XI QI GU GUAI DE ZHI WU

稀奇古怪的植物

沈 昉 主编

哈尔滨工业大学出版社
HARBIN INSTITUTE OF TECHNOLOGY PRESS

U0212015

图书在版编目（ＣＩＰ）数据

稀奇古怪的植物 / 沈昉主编 . — 哈尔滨 : 哈尔滨工业大学出版社，2016.10

（好奇宝宝科学实验站）

ISBN 978-7-5603-6009-6

Ⅰ . ①稀… Ⅱ . ①沈… Ⅲ . ①植物学－科学实验－儿童读物 Ⅳ . ① Q94-33

中国版本图书馆 CIP 数据核字 (2016) 第 102718 号

策划编辑　　闻　竹
责任编辑　　范业婷
出版发行　　哈尔滨工业大学出版社
社　　址　　哈尔滨市南岗区复华四道街 10 号　邮编 150006
传　　真　　0451-86414749
网　　址　　http://hitpress.hit.edu.cn
印　　刷　　哈尔滨经典印业有限公司
开　　本　　787mm×1092mm　1/16　印张 10　字数 149 千字
版　　次　　2016 年 10 月第 1 版　2016 年 10 月第 1 次印刷
书　　号　　ISBN 978-7-5603-6009-6
定　　价　　26.80 元

前 言

　　科学家培根曾经说过："好奇心是孩子智慧的嫩芽"，孩子对世界的认识是从好奇开始的，强烈的好奇心会增强孩子的求知欲，对创造性思维与想象力的形成具有十分重要的意义。本系列图书采用科学实验的互动形式，每本书中都有可以自己动手操作的内容，里面蕴含着更深层次的科学知识，让小读者自己去揭开藏在表象下的科学秘密。

　　本书内容的形式主要分为【准备工作】【跟我一起做】【观察结果】【怪博士爷爷有话说】等模块，通过题材丰富的手绘图片，向读者展示科学实验的整个过程，在实验中领悟科学知识。

　　这里需要明确一件事，动手实验不仅仅局限于简单的操作，更多的是从科学的角度出发，有意识地激发孩子对各方面综合知识的认知和了解。回想我们的少年时光，虽然没有先进的电子玩具，没有那么多家长围着转，但是生活依然充满趣味。我们会自己做风筝来放，我们会用放大镜聚光来燃烧纸片，我们会玩沙子，我们会在梯子上绑紧绳子荡秋千，我们会自制弹弓……拥有本系列图书，家长不仅可以陪同孩子一起享受游戏的乐趣，更能使自己成为孩子成长过程中最亲密的伙伴。

　　本书主要介绍了 60 个关于植物的小实验，适合于中小学生课外阅读，也可以作为亲子读物和课外培训的辅导教材。

　　由于编者水平及资料有限，书中不足之处在所难免，恳请广大读者批评指正。

编 者
2016 年 4 月

目 录

1. 大汗淋漓的叶子 / 1

2. 叶子的颜色变浅了 / 4

3. 给叶子涂油 / 7

4. 植物也有方向感 / 10

5. 迷宫里的植物 / 13

6. 爬高的黄瓜秧 / 16

7. 含苞怒放的牵牛花 / 19

8. 聪明的豆芽 / 21

9. 土壤对植物重要吗 / 24

10. 起作用的铜 / 27

11. 水中的光合作用 / 29

12. 奇异的双色花 / 31

13. 你见过黑色的花吗 / 34

14. 花开花闭 / 37

15. 寻找花粉 / 40

16. 莲花效应 / 43

17. 仙人掌浑身长刺的秘密 / 46

18. 风铃草为什么变色了 / 49

19. 桂花为什么十里飘香 / 51

20. 提取紫甘蓝里的色素 / 54

21. 能染色的紫甘蓝 / 56

22. 枫叶汁的颜色 / 61

23. 能染色的指甲花 / 64

24. 敏感的含羞草 / 67

25. 给铁线蕨拍照 / 69

26. 藏秘密的松果 / 71

27. 观察玉米花 / 73

28. 蜇人的荨麻 / 75

29. 不一样的树皮 / 78

30．在树皮上写字 / 80

31．白桦树的汁液 / 82

32．验证树的年轮 / 84

33．制作树叶标本 / 86

34．能开花的树枝 / 88

35．落叶的秘密 / 90

36．种子的无穷力量 / 92

37．石头缝里的绿色 / 94

38．种子萌发时的敌人 / 96

39．种子爆炸的威力 / 99

40．疯狂的凤仙花果实 / 101

41．没有种子也能发芽 / 103

42．蛋壳生根 / 106

43．拦腰切断的新生命 / 109

44．秋海棠的繁殖方式 / 112

45．新栽月季盆栽 / 114

46．重新组合的仙人掌 / 116

47．变色豆芽 / 119

48．变色的芹菜 / 122

49．变甜的芹菜叶 / 125

50．卷起来的茎 / 127

51．常绿的西红柿 / 130

52．黄瓜咸菜的秘密 / 132

53．有变化的胡萝卜 / 135

54．胡萝卜小碗 / 138

55．哪个先挨冻 / 141

56．芥菜为什么不怕霜冻 / 143

57．马铃薯上的白糖 / 146

58．有字的苹果 / 148

59．橘子火花 / 150

60．膨胀的葡萄干 / 152

参考文献 / 154

1. 大汗淋漓的叶子

夏天天气热的时候，人会通过流汗来调节体温。你知道吗？植物也会"流汗"！不信的话，跟我们一起试试看吧。

准备工作

● 一盆绿叶植物
● 一个透明塑料袋
● 一根细线
● 水

跟我一起做

操作时不要伤害到植物哦！

1 用透明的塑料袋罩住绿叶植物的一部分叶子，用细线将袋口扎紧。

2 向花盆里面浇水。

浇的水要适量哦！

3 把绿叶植物放到阳光充足的地方。一段时间过后，观察塑料袋里有什么变化？

观察结果

你会看到塑料袋里有水珠出现。

怪博士爷爷有话说

　　蒸腾作用是水分从植物体表面以水蒸气状态散失到大气中的过程。在阳光的照射下，植物会通过叶片上的气孔，不断向外散发由根和茎吸收的水分。这些水分以水蒸气的形式存在于透明的塑料袋里，并在温度较低时凝结成水珠。所以，我们会在塑料袋里看到水珠，就像叶子在"流汗"一样。

2. 叶子的颜色变浅了

动动手，你就能改变植物叶子的颜色。想不想变这样的魔术呢？那就认真做下面这个实验吧。

准备工作

- 一把剪刀
- 一张黑色厚纸片
- 一卷胶带
- 一盆长有深绿色叶子的室内观赏植物

跟我一起做

1 从黑色厚纸片上剪下两张纸，使它们能全部覆盖一片植物叶子。

2 用剪下的两张黑色厚纸片夹住一片植物叶子，用胶带粘好边缘，不要让光透进去。

3 几天后，将叶子上的黑色厚纸片拿掉。观察叶子的变化情况。

叶子怎么变成这样了？！

观察结果

你会发现，用黑色厚纸片遮盖的叶子变成了浅绿色，比这盆植物上的其他叶子颜色都要浅。

怪博士爷爷有话说

实验中，被黑色厚纸片遮盖的植物叶子因为没有被阳光照到，不能进行光合作用生成叶绿素，所以颜色会变成浅绿色，看起来就比植物上其他叶子的颜色都浅了。

3. 给叶子涂油

植物的叶子里到底有没有水分呢？做完下面的实验，你就知道答案了。

准备工作

- 两根草茎
- 两个玻璃瓶
- 一支水彩笔
- 凡士林（护肤油）
- 食用油
- 水

跟我一起做

凡士林尽量涂厚一点哦！

1 在两个瓶子里都装满水。

2 将凡士林涂抹在其中一根草茎的所有叶子的上下两面。

将两根草茎分别插入两个瓶子中。

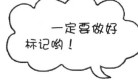
向 瓶 子 里滴入食用油，在水面上形成一层薄薄的油层，以保证水不会蒸发。

一定要做好标记哟！

用水彩笔标记水面的高度。

接下来的一周内，每天观察植物和水位的变化。

观察结果

你会发现插着叶子上没有涂凡士林的草茎的瓶子中，水面高度明显低于所做的标记；插着叶子上涂有凡士林的草茎的瓶子中，水面高度没有变化。

怪博士爷爷有话说

小朋友们，你们知道吗？植物的根能吸收大量的水分。这些水分能通过茎中狭长纤细的导管被运输到各个部分，再从叶子上的气孔蒸发散失出去，所以杯子中的水面高度下降了。而涂有凡士林的叶子由于气孔被堵塞，不能将水分蒸发出去，所以水面高度不会发生变化。水通过叶片蒸发散失的过程就是蒸腾作用。蒸腾作用能产生一种吸力，促使根对水分的吸收和水分的向上运输，这种吸力也会让茎、叶、花获得水分以及溶解在水中的矿物质。

4. 植物也有方向感

植物竟然也有良好的方向感！奇怪吧？下面这个实验会让你有神奇的发现。很有趣，来试试看吧！

准备工作

- 一只喷壶
- 四块砖
- 两棵栽在花盆中的马铃薯幼苗

跟我一起做

1

将四块砖两两重叠，以圆形花盆口部的半径为间距分开放在窗台上。然后将栽有马铃薯的花盆倒放在砖上面，让马铃薯幼苗的嫩枝竖直朝下。

2 　　将另一盆栽有马铃薯幼苗的花盆侧放在一个阳光充足的窗台上。

3 　　定期帮幼苗浇水。

注意观察马铃薯幼苗的生长情况。

 观察结果

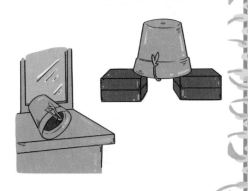

　　倒放着那个花盆里面的幼苗原来朝着地面生长，后来慢慢长歪了，朝着相反的方向生长。侧放的花盆里面的幼芽开始与地面水平生长，后来朝上生长。

怪博士爷爷有话说

　　小朋友们，你们知道吗？植物具有类似感官的性能，它会辨别方向。主要原因在于植物的根具有正向地性，而植物的枝叶却有负向地性。所以在实验中，马铃薯的幼苗会慢慢地长歪，朝着有利于它们吸收阳光和水分的方向生长。

正向地性：植物根部向地心方向生长的特性。
负向地性：植物茎部背地心方向生长的特性。

5. 迷宫里的植物

我们知道，向日葵的花盘总是跟着太阳的方向转动。实际上，除了向日葵，许多植物在生长过程中都会追寻阳光的方向。我们一起来看看迷宫里的植物是怎么生长的吧！

准备工作

- ● 一张厚纸板
- ● 一卷胶带
- ● 一把剪刀
- ● 一个发芽的马铃薯
- ● 一个有盖子的鞋盒
- ● 一个平底的塑料小容器，并在里面装满潮湿的土

跟我一起做

将马铃薯种在塑料容器里，并使其芽朝上。

在鞋盒的侧壁上剪开一个边长约 4 厘米的正方形小孔。

3 用厚纸板在鞋盒里拼出一个"迷宫"样的通道。

4 将种有马铃薯的容器放进鞋盒里，远离侧壁上的小孔。

5 盖好盖子，然后将鞋盒放在有阳光照射的地方。几天以后，观察马铃薯芽有什么变化。

观察结果

你会看到，几天以后，白色的马铃薯芽走出了迷宫，竟然从洞口爬了出来。在阳光的照射下，马铃薯芽恢复了绿色，并且长出了叶子。

怪博士爷爷有话说

　　植物在萌芽阶段始终都需要有光存在，因为只有在有光的条件下，植物中参与光合作用的部分才能被合成，同时制造养分。马铃薯上长出来的又长又肥厚的芽通常被称为根状茎。为了得到阳光的照射，植物会做出一些你意想不到的举动。除了采取实验中的做法，你还可以选用其他的阻碍物，看看植物能否找到出口。

6. 爬高的黄瓜秧

黄瓜、丝瓜、葡萄等植物的茎比较柔软，不能直立，但是它们需要长高来获得阳光和空气，它们是怎样长高的呢？

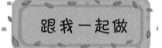

准备工作

- 一袋黄瓜种子
- 两个花盆
- 几根细长的木棍
- 一个装水的喷壶

跟我一起做

需要勤浇水，种子才会发芽哦。

1

在两个花盆里分别种上几粒黄瓜种子，耐心等待种子发芽。

2 等黄瓜幼苗长到6厘米左右时，在其中一个花盆里插上小木棍，并将黄瓜幼苗的茎尖拉到小木棍上；另外一盆黄瓜的几株幼苗则将它们互相缠绕在一起。

3 每天注意观察这两盆黄瓜秧的生长，尤其是它们的茎的生长方式。

最后这两盆黄瓜秧会有什么不同吗？

观察结果

几天后你会发现，插有小木棍的黄瓜秧会沿着小木棍缠绕着生长，而没有插小木棍的那一盆黄瓜秧则是几株互相缠绕着生长。

怪博士爷爷有话说

藤本植物透过茎本身的缠绕、蜷曲等方式向上生长。黄瓜属于典型的藤本植物，它的茎不是缠绕在一起生长，就是攀爬着其他东西向上生长。因此，花盆中的黄瓜秧会缠绕在小木棍上或互相缠绕着生长。接下来我们想一想，黄瓜秧为什么一直向上爬呢？黄瓜用茎缠绕支撑物向上爬，是为了得到更多的阳光。由于生长素的作用，黄瓜的茎内侧长得慢、外侧长得快，于是自然形成弯曲状。这样茎的缠绕、旋转运动也就自然形成了。

7. 含苞怒放的牵牛花

关于花开的时间，我们有许多常识性的知识，例如，牵牛花要在凌晨三四点开，夜来香的花在晚上开。那你有办法改变这些花的开放时间吗？

准备工作

- 不透光的黑纸袋
- 一条细绳
- 一株带有花骨朵的牵牛花

跟我一起做

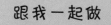

1 晚上的时候，将一朵含苞待放的牵牛花用黑纸袋套好，并用细绳轻轻绑住袋口，不让光线射进去。

2 第二天早上六点，摘掉黑纸袋，几分钟之后，观察牵牛花有什么变化？

 观察结果

你会看到，牵牛花由含苞到怒放的情景。

 怪博士爷爷有话说

牵牛花开花的时间大约是在凌晨三四点。用不透光的黑纸袋将牵牛花套住，会干扰牵牛花正常的生理时钟，延误它正常的开花时间。而将黑纸袋摘掉后，牵牛花就立即开放了。这种植物的内在节律性不仅表现在开花时间上，也表现在植物的呼吸、叶的运动、光合作用、生长速度等各种各样的生理现象上。

8. 聪明的豆芽

不仅人和动物长着眼睛，我们周围的花花草草也都是长着眼睛的呢！就连我们常吃的豆芽也会"认识路"呢！你知道这是怎么回事吗？

准备工作

- 一个硬纸箱
- 几粒黄豆或绿豆
- 一个带土的花盆
- 一张硬纸片
- 一把剪刀
- 水

跟我一起做

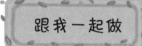

1

用剪刀在硬纸片上挖一个圆孔，并将硬纸片贴在纸箱里，使硬纸箱变成两层。在硬纸箱的顶部也挖一个圆孔，和硬纸片上的圆孔错开。

2 将黄豆或绿豆种在花盆里，浇上水。

一定要做好密封措施哟！

用纸箱将花盆罩住，除了圆孔，纸箱不能漏光。 **3**

一段时间以后，打开纸箱，观察豆子的生长情况。 **4**

观察结果

小豆芽是怎么做到的呢？

打开纸箱，你会发现豆芽长得弯弯曲曲的，穿过了两个圆孔。

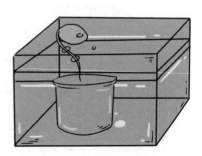

怪博士爷爷有话说

小朋友们，你们知道吗？我们周围很多植物的生长都具有趋光性。也就是说，它们就像长了眼睛一样，沿着能够透出光亮的地方生长。纸箱上只有小孔能够透出光线，所以豆芽会朝着小孔生长，看起来长得弯弯曲曲的。

9. 土壤对植物重要吗

小朋友，你们觉得土壤对植物重要吗？施肥的植物和不施肥的植物有什么区别呢？让我们一起来做下面的实验吧！

准备工作

- 两株带根的植物
- 两个花盆
- 一把铲子
- 栽培土
- 报纸
- 棉花球
- 水

跟我一起做

1 在桌子上铺上报纸。

2 在一个花盆里装上栽培土，然后栽一棵准备好的植物。

3

将第二棵植物根部的泥土洗干净，栽进另一个装满棉花球的花盆里。

4

将两个花盆放在阳光能照射到的地方，定时给两棵植物浇水，观察它们的生长变化情况。

两棵植物的生长情况会一样吗？

观察结果

两棵植物都在生长，但是几周过后，你会发现栽在土壤里的植物要比栽在棉花球里的植物长得好。

怪博士爷爷有话说

　　为什么会出现这种情况呢？这两棵植物都拥有光、水以及空气，并且固定在花盆里。唯一不同之处在于一个用土壤固定，一个用棉花球固定。土壤的作用不仅仅是固定植物，它还为植物提供生长所必需的营养盐，而棉花球却做不到。植物缺少了这种营养盐，就会变得非常虚弱，就像偏食的孩子吸收不到均衡的营养一样。所以，小朋友一定要改掉偏食的习惯哦！

10. 起作用的铜

在花店里，我们有时会看到花店阿姨把铜片放在花瓶里，你知道这是为什么吗？

准备工作

- 两束鲜花
- 两个铜片
- 两个玻璃杯
- 水

跟我一起做

1

将玻璃杯放入冰箱冷藏5分钟或更久。

2

在其中一个玻璃杯里放入两个铜片。

3 将两束鲜花分别放入两个玻璃杯里。

4

一段时间过后，观察两个玻璃杯里的鲜花有什么区别。

 观察结果

通过比较，你会发现有铜片的玻璃杯里的花存活得更久，另一个玻璃杯里的花枯萎得较快。

 怪博士爷爷有话说

为什么加入铜片会延长鲜花的寿命呢？这是因为花插入水中几天后，会有一些腐败细菌和藻类滋生。它们顺着花茎蔓延滋长，甚至渗入植物细胞之中，这会妨碍植物对水分的吸收。因此，花很快就枯萎了。但是，如果在水中放两片铜片，铜片就会释放出一些微量铜元素。这些微量的铜元素对于细菌和藻类是致命的，所以细菌和藻类的生长受到了抑制，花也就可以存活更长时间。

11. 水中的光合作用

陆地上的植物能进行光合作用，水生植物也能进行光合作用吗？让我们一起来了解一下吧！

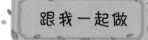

准备工作

- 一棵水藻
- 两个玻璃杯
- 水

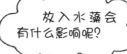

跟我一起做

放入水藻会有什么影响呢？

在玻璃杯里装上自来水，静置大概1个小时，直到水温与室温几乎相同。

在其中一个杯子里放入水藻。

3 将这两个杯子都放在有阳光照射的地方，静置一两天。

观察结果

你会看到,这两个杯子的杯壁上出现了很多小气泡,有水藻的杯子里会有更多的气泡产生。

怪博士爷爷有话说

陆地上的植物利用阳光、二氧化碳和水合成糖,并且释放出氧气。水生植物也会这样吗? 实际上,水生植物也进行光合作用,因为水中也有空气的存在。两个杯子里的水达到室温（被加热）,水中的气体就会以气泡的形式溢出来。静置一两天后,有水藻的杯子里会继续产生气泡,即氧气气泡,氧气是水藻在水中进行光合作用所产生的。水藻吸收溶解在水里的二氧化碳,并将氧气释放到水里。随着释放出来的氧气越来越多,杯子里就能持续产生气泡了。

12. 奇异的双色花

真是奇怪，这朵花怎么有两种颜色，而且像是被染上去的，快来看看是怎么回事？

准备工作

- 两朵白色的蔷薇花
- 红色和蓝色两种颜料
- 两个玻璃杯
- 一把水果刀
- 水

跟我一起做

颜料可以多滴一些，让水的颜色更深。

1 向两个杯子里分别倒入同样的水，一个杯子里滴入蓝色的颜料，另一个杯子里滴入红色的颜料。

2 将一朵蔷薇花插进滴有蓝色颜料的水的杯子里。

用水果刀时一定要注意安全！

3

用水果刀将另一朵蔷薇花的茎从下至上纵向切开，将茎被切开的花放在两个杯子中间，一半茎插入滴有红色颜料的水里，一半茎插入滴有蓝色颜料的水里。

4

等一段时间，观察两朵蔷薇花的颜色变化。

这两朵蔷薇花会变成什么样呢？

观察结果

你会看到，滴有蓝色颜料的水里的花变成了蓝色，而茎被切开的那朵蔷薇花，一半变成了蓝色，一半变成了红色。

怪博士爷爷有话说

为什么会出现上面的结果呢？颜料又是怎么跑到花朵上的呢？原来在实验中，有颜料的水沿着茎中的细导管向上运输，最后会输送到花瓣，就像有一股吸力将水吸上来一样。水中溶解有色素，而这些色素也一起被输送上来，于是花瓣被染上了颜色。茎被切成两半后，既吸收了滴有蓝色颜料的水，又吸收了滴有红色颜料的水，因此就变成了两种颜色，花朵也跟着呈现出两种颜色。

13. 你见过黑色的花吗

小朋友们，不知道你们有没有发现我们周围有着各种颜色的花，却很少看见黑色的花，你们知道这是为什么吗？下面我们跟随怪博士爷爷一起寻找答案吧！

准备工作

- 一瓶红墨水
- 一瓶黑墨水
- 三个塑料瓶
- 三支温度计
- 一把锥子
- 几根橡皮筋

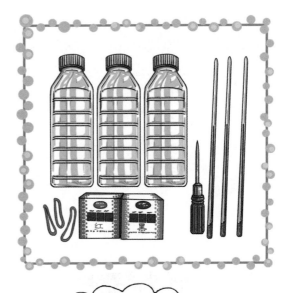

跟我一起做

这一步可以请家长一起来完成。

1 用锥子在塑料瓶上钻一个小孔，刚好允许温度计插入，如果孔钻得太大了，可以捆上橡皮筋。

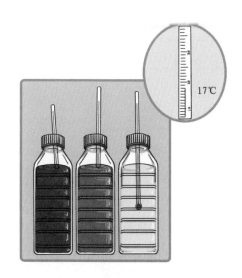

2

向三个塑料瓶里加水，分别向两个塑料瓶里加入少量黑色墨水和红色墨水，使三个塑料瓶中的液面高度保持一致。将三个塑料瓶放入冰箱里冷却1小时后取出来。这样做的目的是为了让三瓶水的初始温度一致。

3

然后将三个塑料瓶放在阳光下晒15分钟，分别记下三支温度计的读数。

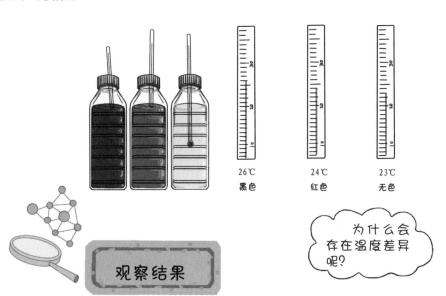

26℃ 黑色　　24℃ 红色　　23℃ 无色

观察结果

为什么会存在温度差异呢？

仅仅15分钟，三个塑料瓶中水的温度在阳光的照射下，发生了很大的变化。三个塑料瓶中水的温度明显上升，其中滴有黑色墨水的塑料瓶里的水温上升得最快，这是怎么回事呢？

怪博士爷爷有话说

太阳光由七色光组成的，由于波长不同，所含热能也不同。黑色能吸收太阳光中全部的热能，所以在相同条件下，吸收的热能最多。而白色则反射太阳光中的所有光波，吸收的热能最少。红色能反射太阳光中热能较多的红色光，所以升温的速度比黑色慢。

科学家们经过长期观察和研究发现，花的组织，尤其是花瓣，一般都比较柔嫩，容易受到高温的伤害。比较常见的红、橙、黄色花反射阳光中含热能多的红、橙、黄色光，不至于被灼伤，有自我保护的作用。而黑色花能吸收太阳光中的所有光波，在阳光下升温快，花的组织容易受到伤害。所以，经过长期的自然选择，黑色花的品种所剩无几。

14. 花开花闭

花朵为什么能展开也能闭合？一起来做下面的实验，你就能找到答案了。

- 一个水杯
- 一把剪刀
- 一张纸
- 水

跟我一起做

1 用剪刀将纸剪出花的形状，将花瓣向里折起，要让每片花瓣上都有折痕。

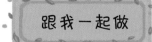

2

将折好的花放在水面上，仔细观察。

有神奇的现象发生了！

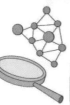

观察结果

几分钟以后，纸慢慢地吸水，水到达折痕处，让纸纤维膨胀起来，纸花瓣就自动展开了。

怪博士爷爷有话说

　　在这个实验中，纸花瓣在水中的展开与大自然中花朵的开放是同样的道理，都是水作用的结果。在鲜花花瓣的基部有一种特殊的球状细胞。太阳升起的时候，花的蒸腾作用很旺盛，向外散发水分，球状细胞便吸水胀大；随着它们的体积逐渐增大，花瓣被向外顶起，花朵就开放了。反之，当花朵接受到的热量减弱时，植物会排出球状细胞中的水分。这时失去水分的球状细胞又会将花瓣收回来。

15. 寻找花粉

春天来了，花园里的小蜜蜂飞来飞去地辛勤采蜜，爷爷说，蜜蜂采蜜的时候，还能帮助花朵授粉呢！咦，花粉究竟在哪里呢？

准备工作

● 两朵盛开的郁金香
● 一个放大镜

跟我一起做

能看到哪些东西呢？

1

将花的各部分分离开来，拿出放大镜仔细观察。

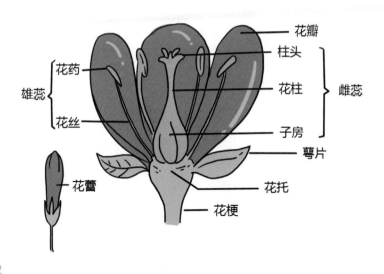

花瓣

柱头

花药

雄蕊

花丝

花柱 雌蕊

子房

萼片

花蕾

花托

花梗

对照图谱认识花的各个部分，然后用手摸一摸每个组成部分。

当你摸到雄蕊时，会有什么感觉？

没想到一朵花由这么多部分组成！

观察结果

你会找到萼片、花瓣、花托、子房、花柱、雄蕊等。
当你触摸到雄蕊时，手指上会留下一些黄色的粉末。

怪博士爷爷有话说

通过这个实验，小朋友们可以看到花粉位于花的雄蕊上，它相当于植物的精子，参与繁殖后代。花粉能够通过风、水或者动物传播，小蜜蜂就是非常厉害的授粉高手。

有小朋友可能要问，为什么要进行授粉呢？授粉可是受精的重要前提。被子植物在受精过程中，花粉从雄蕊传播到雌蕊的柱头上。每一粒花粉中含有两个雄配子。柱头上有花粉管，受精就是在花粉管中完成的。这两个雄配子通过花粉管游移到子房中。

子房中的卵细胞与一个雄配子结合形成受精卵，受精卵再发育成胚。而另一个雄配子就发育成受精卵的外壳。胚乳就是由这个外壳发育而来的。一朵受精后的花会发育成一个含有种子的果实。而种子可以在湿润的土壤中萌发，然后再次发育成一株完整的植物。

16. 莲花效应

莲花出污泥而不染，自古以来就被人们认为是纯洁的象征，可你知道它为什么会具有自我清洁的能力吗？

准备工作

- 一片生菜叶
- 一片莲叶
- 一只碗
- 一个玻璃杯
- 一根棉棒
- 胡椒粉
- 食用油
- 水

跟我一起做

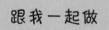

1 在碗里装满水，然后将杯子底朝上扣在桌子上。

为什么滴油有讲究呢？

2 只在半边杯底上滴上食用油，另外半边不滴。

43

3

用棉棒蘸水，在杯底的两边分别滴上一滴水。观察两边的水滴。

4

在生菜叶和莲叶上撒上胡椒粉。

5

先将手指在装满水的碗里沾湿，然后将水滴滴在两片撒有胡椒粉的叶子上。

观察结果

第三步中，你会看到水滴在没有滴油的半边杯底上延展开来，而在另一边依然保持球形。

第五步中，你会看到生菜叶上的水滴变平了。胡椒粉与水滴混在一起，形成一层暗红色的膜。而莲叶依然保持干燥，当你晃动莲叶时，水滴像珠子一样从叶片上滚落。同时还带着胡椒粉一起滑下来了。

没有油　　有油

怪博士爷爷有话说

　　在自然界中有很多像莲花这样的花和叶，当水滴滴到它们上面时，会像滴在雨伞上一样直接滚落下来。水不能附着在这些植物叶子的表面，也不能将叶子打湿。人们将这种现象称为莲花效应。

　　其实，早在 20 世纪 70 年代，波恩大学的植物学家巴特洛特就发现了"莲花效应"。他在研究植物叶子表面时发现，光滑的叶子表面有灰尘，要先清洗才能在显微镜下观察，而莲叶等可以防水的叶子表面却总是干干净净的。这是因为防水的蜡层牢牢地覆盖在叶子的上表面。水滴从叶片上滚过，将胡椒粉和其他脏物一起沾走，然后一起离开叶子。这就表明，莲叶表面的特殊结构有自我清洁功能。正是因为自我清洁功能，植物的叶子得以保持干燥和清洁。

17. 仙人掌浑身长刺的秘密

我们平时看到的仙人掌浑身都长满了刺，而且它特别耐干旱，你们想知道它为什么会这样吗？

准备工作

- 一盆吊兰
- 一盆仙人掌
- 两个大的透明塑料袋
- 一根细线
- 水
- 一把剪刀

跟我一起做

一定要浇透哦！

1

在吊兰的花盆里浇足够的水。

2 用一个大的透明塑料袋将植物罩住，用细线系紧塑料袋，确保没有空气渗透进去。

做实验的过程中，可要小心仙人掌的刺哦！

3 给仙人掌花盆里也浇足够的水，并用同样方法将它用大透明塑料袋罩住。

4 将两盆植物放在阳光下。三个小时后，观察两盆植物有什么变化。

好期待！结果会是什么呢？

观察结果

你会看到，套吊兰的塑料袋内壁沾有许多小水珠，而套仙人掌的塑料袋内壁看不到明显的水珠，只是在用手摸的时候，才觉得有点湿润。

怪博士爷爷有话说

　　为什么两盆植物会有这么大的差别呢？这是因为根吸收的水分大部分是由叶蒸腾出去的，叶片越大，蒸腾的水分也就越多。仙人掌大多生活在干旱的沙漠地带，它的叶是针形的，这样可以减少蒸腾的面积，也相当于减少了体内水分的消耗，这也是仙人掌适宜在干旱的沙漠群里生长的重要原因。

18. 风铃草为什么变色了

花园里的风铃草大多是紫色的，下面这个实验可以改变风铃草的颜色，让我们跟随怪博士爷爷一起做做看吧！

准备工作

- 一株风铃草
- 一把小勺子
- 一把大勺子
- 两只碗
- 一瓶白醋
- 一袋洗衣粉
- 温水

跟我一起做

看起来很简单呢！你也来做做看吧！

1 向一只碗里加入一小勺洗衣粉，并用温水溶解。

2 向另一只碗里面加入三大勺白醋，并加入适量的水。

3 　　将风铃草放进加入白醋的碗里。

4 　　几分钟后，将花拿出来，再放进另外一只碗里。

 **观察结果**

　　你会看到，在加入白醋的碗中，花变成了红色。在溶有洗衣粉的碗里，花又变成了蓝色。

 **怪博士爷爷有话说**

　　为什么花会变色呢？这是花青素在起作用。花里面含有花青素，当它遇到酸性溶液时就会变色。如同你在实验中看到的那样，这种植物色素在白醋这样的酸性液体中变成了红色，在洗衣粉这样的碱性液体中变成了蓝色。花青素不仅存在于植物的花里，果实或者叶子中也有，例如樱桃、紫甘蓝等。

19. 桂花为什么十里飘香

桂花盛开的时候，我们在很远的地方就能闻到桂花的香味，小朋友们想知道桂花为什么能够十里飘香吗？

准备工作

- 一瓶花露水
- 一个小气球
- 一个空鞋盒
- 一根细绳

跟我一起做

滴的时候要小心，别弄脏衣服。

1

向未吹气的气球里滴入15滴花露水。

2 向气球里吹气，使气球的大小刚好能放入空鞋盒，再将气球口绑紧。

3 将气球放入空鞋盒里，盖上鞋盒盖子。静置一小时。

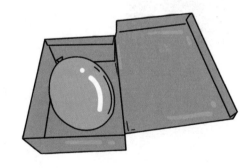

4 将鞋盒盖子打开，闻闻鞋盒里的气味。

观察结果

鞋盒里散发出花露水的香味。

怪博士爷爷有话说

气球看起来绑得非常紧，但其实气球的表面上有许多肉眼看不见的小孔。由于液态的花露水分子比气球上的小孔大很多，所以液态的花露水无法通过气球膜。但是花露水蒸发后形成的气体分子要比气球上的小孔小，所以花露水的气体分子能穿过气球上的小孔，跑到鞋盒中的空气里。这样，当你打开鞋盒后，花露水的香味就会扩散到房间里，使整个房间都充满香味。

像这个实验中的花露水一样，物质分子从高浓度区域向低浓度区域转移，直到均匀分布的现象，称为扩散。在秋天桂花开放的季节，离桂花树还很远，你就能闻到桂花的香味，就是因为桂花的香气扩散到了空气中。

53

20. 提取紫甘蓝里的色素

想知道怎么才能将紫甘蓝里的色素提取出来吗？让我们一起来做下面的实验吧！

准备工作

- 几片紫甘蓝叶片
- 一口小锅
- 一个电磁炉
- 水

跟我一起做

1

请爸爸妈妈帮忙，将紫甘蓝叶片放在锅里煮上几分钟。

几分钟过后，观察锅里的水有什么变化。

观察结果

你会看到，锅里的水变成了紫色。

怪博士爷爷有话说

　　紫甘蓝的叶子里含有花青素，在煮的过程中，植物细胞被破坏，细胞中的色素进入水中，将水染成了紫色。

　　紫甘蓝是草本植物，属于十字花科，它的花有四片花萼和花瓣，呈十字排列。它是从野生的卷心菜演变而来的，现在已经成为日常生活中一种常见的蔬菜。

21. 能染色的紫甘蓝

做完上面的实验，你们觉得紫甘蓝汁能用来染色吗？让我们一起尝试一下吧！

准备工作

● 上个实验中煮好的紫甘蓝汁（冷却并过滤）
● 一瓶白醋
● 一瓶含碳酸的矿泉水
● 水
● 苏打粉
● 一个量杯
● 5 个玻璃杯
● 一张白纸
● 一把剪刀
● 一支水彩笔
● 一把勺子

跟我一起做

在一个玻璃杯里装入 200 毫升的白醋。

在另外三个玻璃杯里分别装入 200 毫升的水。

 在第一个装有水的玻璃杯里加入两勺苏打粉，并搅拌。

 在第二个装有水的玻璃杯里加入两勺白醋（约20毫升），在第三个装有水的玻璃杯里加入大约 5 毫升的白醋。

 在最后一个玻璃杯里装入200毫升含碳酸的矿泉水。

6 将纸均分成 6 小片，然后像下图中那样对折，做成标签，放在对应的杯子旁边。

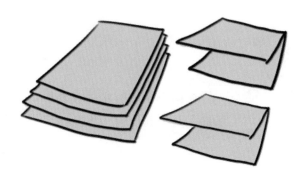

向每个杯子里加入大约 20 毫升紫甘蓝汁，并搅拌均匀。 **7**

观察结果

为什么会发生不同的变化呢?

（1）紫甘蓝汁和200毫升白醋混合后变成了深红色，和20毫升白醋混合后变成了红色，和5毫升白醋混合后变成了粉红色；

（2）紫甘蓝汁和苏打粉的溶液混合后变成了碧绿色；

（3）紫甘蓝汁和矿泉水混合后先变成红色，然后变成紫罗兰色。

怪博士爷爷有话说

这是因为紫甘蓝色素（花青素）本身是一种酸，当它与酸性或者碱性的液体相遇时会改变颜色。花青素在酸性液体中显现红色，在中性液体中显现紫罗兰色，在碱性液体中显现从蓝色到碧绿色不等的颜色。当变蓝的花青素进一步与紫甘蓝中的黄酮素——一种遇碱变黄的色素反应后，就会变成碧绿色。矿泉水中含有碳酸，所以溶液一开始是红色的，随着碳酸气泡不断逸出，水中碳酸含量越来越少，后来逐渐变成了紫罗兰色。

生长在酸性土壤中的紫甘蓝，叶子里的花青素显红色，生长在碱性土壤中的紫甘蓝的花青素显蓝色。这样看来紫甘蓝不全是紫色的，它可真是蔬菜中的变色龙！

22. 枫叶汁的颜色

秋天的时候，一片片红色的枫叶，染红了整个公园，景色真的好美啊！那么，红色的枫叶里究竟有没有叶绿素呢？

准备工作

- 秋天的红枫叶
- 研钵和研杵
- 一口锅
- 一个电磁炉
- 一张滤网
- 一个玻璃杯
- 一把勺子
- 食用油
- 水

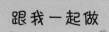
跟我一起做

红红的枫叶真好看！

1 将枫叶撕碎，放进研钵里捣碎后倒入锅里。

2 向锅里加水，直到叶子被完全浸没。

3 请爸爸妈妈帮忙将锅里的叶子煮几分钟。

4 将煮好冷却了的枫叶汁用滤网过滤后装进杯子里。

5 向杯子里加入一勺食用油并搅拌。

观察结果

你会看到枫叶汁变成了红色。漂浮在上面的油层变成了绿色。

怪博士爷爷有话说

叶子是绿色的，因为叶子中含有叶绿素。当秋天来临时，叶子慢慢变成了红色或者黄色，这是因为树叶中的叶绿素在逐渐减少，它们被转移到了树枝里。

实验中，当我们将叶子捣碎后，再用水煮过后，叶子中的细胞被完全破坏。这时，植物色素就跑到了水中：花青素将水染成了红色，叶绿素被提取到油层中。

小朋友，你们学会了吗？这下知道枫叶汁里是否含有叶绿素了吧！

23. 能染色的指甲花

家里的凤仙花又开了，凤仙花也称为指甲花，做完下面的实验，你也可以染出好看的指甲了。

准备工作

- 凤仙花花瓣
- 明矾
- 石白
- 细线
- 麻叶或塑料袋

跟我一起做

1

将凤仙花的花瓣采摘下来，染指甲不用太多，一小捧就可以了。

2 将凤仙花的花瓣放入石臼中，并加入适量的白矾，在石臼中将凤仙花瓣和白矾一起捣碎。

3 将捣碎的凤仙花瓣放在指甲上，一定要多放一点，并让其覆盖整个指甲，然后用麻叶或塑料袋将手指头缠上，并用线缠紧，第二天早上拆开，观察指甲的变化。

观察结果

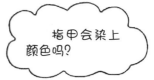

指甲会染上颜色吗？

第二天早上，你会看到指甲染上颜色了。不过第一次染颜色不会太红，可以多染几次，颜色会不断加深的。

怪博士爷爷有话说

为什么凤仙花拌上明矾就能染色了呢？原来，在红色凤仙花的花瓣中含有红色的有机染料，但它不能直接附着在指甲上，必须用媒染剂作为媒介，才能用于染色。明矾就是一种很好的媒染剂。明矾的化学成分是硫酸钾和硫酸铝的复合盐，在水解后生成氢氧化铝，这是一种糨糊一样的胶质，指甲附上一层这样的胶质，才能吸收凤仙花瓣里的红色染料，这样我们的指甲就被染上颜色了。

24. 敏感的含羞草

你们有没有见过一种草，只要伸手触碰到它，它的叶子就会闭合，已经猜到了吧！它就是含羞草。

准备工作

● 一株含羞草

跟我一起做

会发生什么现象呢？

用手轻轻触摸含羞草的叶子。

真是一株"害羞"的小草！

观察结果

在你刚刚触摸的地方，含羞草的叶片立刻向内收拢。

怪博士爷爷有话说

我们通常很少看到植物在动，所以大多数小朋友都以为植物不会动呢！实际上，植物有着不同于动物的另外一种运动方式。例如，向日葵在生长过程中，它的笑脸总是迎向太阳。植物只是不能随意跑动罢了。

25. 给铁线蕨拍照

在蕨类植物中，铁线蕨是栽培最为广泛的品种之一。它的茎叶秀丽多姿，形态优美，株型小巧，非常适合小盆栽培。它黑色的叶柄纤细而有光泽，像我们的发丝一样飘逸、柔美，搭配上淡绿色薄质叶片，显得更加优雅。下面的实验可以帮助我们拍下它美丽的身影。

准备工作

- 一片铁线蕨的叶子
- 一本厚字典
- 白纸
- 报纸

跟我一起做

将铁线蕨叶子的下表面朝下放在白纸上。

动作要轻柔，不要破坏叶子哦！

将报纸铺在叶子上面，再在上面压一本厚字典。

3 三天后，将白纸和报纸小心地拿开，你会看到什么现象？

观察结果

白纸上出现了铁线蕨叶子的形状，好漂亮啊！

怪博士爷爷有话说

铁线蕨是通过孢子进行繁殖的，这些孢子就位于叶子的下表面。由于叶子受到压力，因此包裹着孢子的荚果破裂，孢子被释放出来，在白纸上留下了叶子的形状。如果你想稍微装饰下，可以用透明膜进行塑封。

跟种子不同，孢子只有一个细胞。在自然界中，成熟的孢子通过风来传播，一棵蕨类植物一年可以生成几百万个孢子。当孢子落到理想的生长地点时，就会开始萌发，长成一株成熟的个体。

26. 藏秘密的松果

想不到不起眼的松果，还能隐藏秘密文件，让我们一起来做做看吧！

准备工作

- 一个成熟的大松果
- 一张白纸
- 一支水彩笔
- 一间温暖干燥的房间

跟我一起做

1

将松果放在一个温暖、干燥的房间里。

2

在白纸上写下你想对好朋友说的悄悄话。

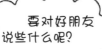

要对好朋友说些什么呢？

3

将纸条折叠足够小，塞到松果的鳞片之间。

4

将松果放到潮湿的室外，放置一周左右。

观察结果

你会发现松果的鳞片闭合，纸条被包在里面看不见了。

 怪博士爷爷有话说

松果的木质鳞片在潮湿的空气中会闭合。为什么会这样呢？松果之所以会这样做，是因为它要保护藏在里面的种子。当阴天下雨的时候，松果的木质鳞片就会闭合起来，这样它的种子就不会被雨淋到了。当天气晴朗、空气干燥的时候，它又会打开鳞片，好让风帮助它传播种子。

27. 观察玉米花

成熟的玉米我们都见过，带着皮的玉米都会有长长的胡须，但是，你们见过玉米花吗？下面我们一起来看看吧。

准备工作

- 一株开花的玉米
- 一个放大镜
- 一把小刀

跟我一起做

1

观察玉米，寻找它的花。

2

切下一小段没有花的茎，在放大镜下观察横切面的形状。

雄花　　雌花

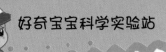

观察结果

你会看到，玉米有两种不同的花，横切面显示茎是空心的。

怪博士爷爷有话说

玉米是禾本植物中最常被种植的一种农作物。和所有禾本科植物一样，玉米有空心的茎。与其他禾本科植物相比，玉米比较特别，它是雌雄同株的植物，也就是说玉米既开雄花，又开雌花。雄花长在植株的顶部，提供花粉；雌花长在茎的一侧，被叶子包围，雌花的柱头长可达 40 厘米，并且附有黏液，依靠风传播的花粉就落在这里。之后，雌花长出了玉米棒，一般每株玉米上能结出 1～2 个玉米棒。

28. 蜇人的荨麻

小朋友到野外去游玩时，一定要注意别被荨麻蜇到，下面跟随我们一起看看荨麻为什么要蜇人吧！

准备工作

- 荨麻
- 一双橡胶手套
- 一个放大镜

跟我一起做

1 用放大镜从各个角度观察荨麻。

2 戴上橡胶手套，用手指轻轻触碰荨麻的叶子。

3 摘掉手套，用手指轻轻触碰荨麻的叶子。

观察结果

在放大镜下，你会看见在荨麻叶的边缘和下表面有许多小刺。这些尖锐的硬刺遍布荨麻的叶和茎。当你摘掉手套，用手从下向上触碰叶子时，不会伤到手。

荨麻为什么要长刺呢？当然是保护自己不被伤害。当人们无意中碰到荨麻时，皮肤会感觉火辣辣的，并且还会出现红肿。但是，如果你知道正确的方法，那么在触碰到荨麻叶时，就不会被它的尖刺所伤。

荨麻的硬刺分布在叶子的表面，硬刺的尾端有一个小头，从这里可以很容易将小刺折下来。当人们从上向下触碰叶子时，刺尖会被折断，折断后的刺尖会像针一样刺进皮肤里，同时，小小的刺中还会释放出一种含有蚁酸的液体，让伤口处具有烧灼感。而当人们从下向上触摸叶子时，刺上的小头不会那么容易脱落，皮肤也就不会有烧灼的感觉。

荨麻的用途非常广，既可作为食物、药物和优质饲料，也可作为纺织原料。同时，还可以制成药剂用来预防蚜虫虫害。

29. 不一样的树皮

小朋友，你们观察过树皮吗？所有树木的树皮都是一样的吗？

准备工作

- 几张白纸
- 几支水彩笔
- 一瓶胶水
- 在公园里找到不同品种的树木，如杨树、梧桐树或松树

跟我一起做

1 在公园里，将一张纸铺在树干上。

2 将纸固定好，然后用彩笔在纸上涂色。

3

多找几个不同品种的树木进行涂色。

涂出来的图案有区别吗？

树皮的图案被印在了白纸上。通过比较从不同树上印下来的图案，你会发现这些图案都不一样。这是为什么呢？快去找怪博士爷爷问个清楚吧！

怪博士爷爷有话说

小朋友们都见过很多品种的树木了吧！树是具有根、茎和树冠的木本植物。树木存活的时间越久，树干就越粗壮。再来说说树皮，它有什么作用呢？它能保护树木不受干旱、火灾、疾病等的侵害。冬天的时候，当树叶掉光后，通过树皮我们能辨别出树种。从上面的实验我们能看出，树皮是有区别的。如果树木生长在温暖干燥的地区，树皮通常会厚一些，以更好地适应那里的环境。

30. 在树皮上写字

白桦树有白色光滑得像纸一样的树皮，用水彩笔可以在掉落下来的树皮上面写字。小朋友，让我们一起来试试吧。

准备工作

● 一棵白桦树
● 一支水彩笔

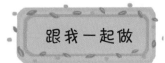

1 观察白桦树的树皮，感受一下它的质感。

白桦树的树皮摸起来会是什么感觉？

2 从地上捡起一片掉落的树皮，用水彩笔在树皮上写字。

在树皮上写的字和在纸上写的相比有区别吗？

观察结果

你会发现，白桦树的树皮十分平整，并且泛着银白色，上面还有一些灰色的横纹。树皮的表面被一层薄薄的物质覆盖，感觉像纸一样，可以在上面写字。

怪博士爷爷有话说

白桦树的树皮可是非常有特色的。它不仅能够提取出栲胶，还具有良好的防水、抗腐蚀性能。因为它的外皮中含有白色的桦皮脑，并且游离地聚集在树皮外表，所以树皮才呈现出白色。白桦树皮里还含有40%左右的软木脂，这种成分与少量纤维素、木素一起组成了木栓细胞，使桦树皮不透水、不透气，轻巧柔软而富有弹性，因而人们很早就用它来做盒子、垫子、篮子、鞋和背包等。

31. 白桦树的汁液

小朋友，你们见过白桦树的汁液吗？白桦树的汁液到底来自哪里呢？

准备工作

● 白桦树的树枝
● 一把小刀

跟我一起做

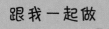

不要将整根树枝都切下来！树干可以承受较小的伤口，并且会继续向这里输送汁液。

1

请爸爸妈妈帮忙在白桦树的树枝上割一个小口子。

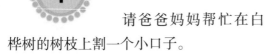

观察结果

韧皮部　木质部

切口处有液体流出来。

怪博士爷爷有话说

　　白桦树的树枝是由不同的组织组成的。最外面一层是死去的细胞，它们可以起到保护作用，再往里一点是一层活细胞，之后是韧皮部和木质化的木质部。木质部常与韧皮部结合在一起，在植物体中构成连续的维管系统。

　　春天时，植物储存的物质被激活了，通过韧皮部运输到各个部分，促进抽芽、长叶。将白桦树枝切开以后，韧皮部会受到破坏，含糖的细胞液就流了出来，这就是白桦汁。

　　白桦汁具有抗疲劳、抗衰老等保健作用，目前已经得到了广泛的应用。

32. 验证树的年轮

我们周围的树木有粗有细，怎么才能知道它们的年龄呢？让我们一起来揭开树木年轮的秘密吧！

准备工作

- 一个树桩
- 一个放大镜

跟我一起做

看到了什么呢？

1 用放大镜观察树桩的横切面。

观察结果

树桩的横切面上有许多环状的图案。在放大镜下仔细观察，你会发现，这些环状图案有的颜色深，有的颜色浅。

怪博士爷爷有话说

大树是怎样在一年的四季里形成一圈年轮的呢？这里起关键作用的就是形成层。在树皮和木质之间有一层细胞，这层细胞整整齐齐围成一个圈，又不断分裂出新细胞来，年复一年，树木便会越长越粗壮，这层细胞就是形成层。春夏雨季，阳光明媚、雨水充足，树木便会迅速生长。这时形成层迅速分裂出许许多多新的细胞来，这些细胞比较大，形成的木质显得疏松，颜色也较浅。进入秋天，天气由暖变冷，雨水相应减少，这时，形成层分裂细胞的速度减慢，分裂出来的细胞比较小，颜色很深，质地细密。由于木质的疏密不同和颜色的深浅不同，就形成了一圈清晰的年轮。

33. 制作树叶标本

通过叶子的形状可以区分不同的树木吗?

准备工作

- 不同种类的树叶
- 报纸
- 书
- 彩纸
- 胶水
- 活页夹

跟我一起做

1 将树叶并排放在桌子上,对照插图进行比较或者查阅书籍,弄清楚它们是什么树的叶子。

2 将叶子夹在报纸和厚书之间,直到树叶完全干燥。

3 用胶水将压好的叶子粘在彩纸上，并做好注释。

橡树叶

枫树叶

4 用活页夹将树叶标本集中保存。

刺槐树叶

山毛榉树叶

观察结果

做好的树叶标本会是什么样的呢？

这样，一本树叶标本珍藏册就做好了。

怪博士爷爷有话说

树木的形状、年轮、叶子、花和果实都不一样。树木的叶子和花都可以被制作成标本。通过这个实验，小朋友可以制作更多的植物标本了，快行动起来吧！

34. 能开花的树枝

冬天过年的时候，妈妈拿出了一束开放的樱花，真的好漂亮呀！但是，我很好奇，为什么这些花在冬天也照样盛开？怪博士爷爷快点给我讲讲吧！

准备工作

- 有冬芽的樱花树枝
- 一只花瓶
- 温水

跟我一起做

1

12 月初剪下一段樱花树枝，将它插进装有温水的花瓶里。

看我剪得好不好看？

将花瓶放置在冰冷的房间里几天，然后再拿回温暖的房间里。

观察结果

一段时间以后，你会发现枝条上开出了花，长出了叶子。

怪博士爷爷有话说

小朋友们，你们知道吗？有许多树木会在冬天长出冬芽，这些冬芽外面通常包有一层用于抵御干旱和寒冷的鳞皮，鳞皮通过树脂粘在冬芽上。当春天气温回升的时候，这些芽就伸展开来，鳞皮随之脱落，只留下一圈环形的痕迹。

冬天的时候，我们把长有冬芽的枝条插到水中，并放置在温暖的房间里，会让这些枝条误以为是春天来了。于是，它们就分泌出一种植物激素（生长素），促使那些已经经历过严寒的冬芽生长，开出漂亮的花。

35. 落叶的秘密

树叶为什么会从树上落下来呢？想知道这是为什么吗？让我们一起通过下面的实验来寻找答案吧！

准备工作

● 带有很多树叶的小树枝
● 一个花瓶

跟我一起做

1 将小树枝插入花瓶里。

2 将花瓶放在不受干扰的地方，你可以经常观察树叶，但是不要触碰它们。

3 一个月后，你再来看树叶的变化。

观察结果

你会发现绿色的树叶会干枯而且变成褐色，但是不会从树枝上落下来。

怪博士爷爷有话说

叶子是由叶片和叶柄组成的。叶柄中固定在茎上的那层细胞叫作离层组织，这些细胞的细胞壁很薄。通常在秋天时，落叶树的离层组织会产生化学物质，消化掉维系着离层组织的细胞壁，只剩下运输管将叶子连在植物的茎上。叶子的重量加上风的吹动，就会使运输管断裂，这样叶子就掉落下来了。由于实验时还没有到秋天，没有化学物质消化掉离层组织的细胞壁，所以离层组织仍然存在，这样一来，即使叶子干枯了，仍然会连在茎上。

好奇宝宝科学实验站

36. 种子的无穷力量

植物的种子往往具有一层坚硬的表皮，这层表皮用来保护内部脆弱的组织结构。那么，柔软的幼苗是如何突破坚硬的表皮，从种子里萌芽的呢？

准备工作

- 几粒黄豆
- 温水
- 一张纸巾
- 一个玻璃杯

跟我一起做

黄豆会发生变化吗？

1 将黄豆放进温水里浸泡一晚上。

3

第二天，倒掉杯子里的水，将吸饱了水分的种子拿出来放在纸巾上。

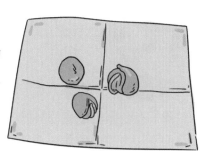

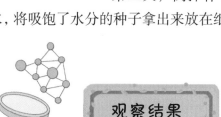

观察结果

吸饱了水的种子都膨胀了起来，有点变形，而且摸起来也感觉软了许多。甚至某些种子的外壳已经破裂了，露出里面的胚芽。

怪博士爷爷有话说

为什么用水浸泡过的豆子会发生这么大的变化呢？这是因为水透过种子外壳的细胞膜进入种子内部，进而被胚芽吸收。胚芽会因此开始膨胀，最终突破包在种子外面的外壳开始萌芽。在这个实验中，起关键作用的就是种子外壳的细胞膜和胚芽。种子的力量可是十分强大的哦！例如有些掉在悬崖峭壁上的种子，能排除各种障碍，长成盘根错节的大树。还可以利用种子发芽的力量，做一些用机械都做不到的事情。

37. 石头缝里的绿色

我们在公园里散步的时候，会发现石板路的缝隙里还长有绿草，想不到小草的生命力这样顽强！下面让我们一起来感受一下小草在脱离土壤的情况下，还能不能发芽。

准备工作

- 一小袋草籽
- 一小袋棉花
- 一个花盆
- 一只装满水的喷壶

跟我一起做

1 在花盆里装满棉花球。

2 向棉花球喷水，直到棉花球被浸湿为止。

3

在湿润的棉花球上撒上草籽。几天后观察草籽的生长变化情况。

观察结果

你会发现草籽发芽了，长成了小草并且还在继续生长。

怪博士爷爷有话说

实验中，我们看到草籽在有水、空气以及温度适宜的条件下，就会发芽生长。但是有时种子会被风带到一些并不理想的生长环境中，因此我们会发现在一些根本没有土壤的地方，如石头缝里、石板路、水泥路等，也会长出小草来。这样看来，温度、光照和水是种子发芽必须具备的条件。但是想要植物苗壮成长，还是需要土壤里的矿物质的。

38. 种子萌发时的敌人

苹果片为什么会阻止其他植物的种子发芽呢？想知道原理，就耐心的做下面的实验吧！

准备工作

- 几粒绿豆
- 一片苹果片
- 一个盘子
- 一只装有水的喷壶
- 一个透明塑料袋
- 脱脂棉

跟我一起做

苹果片躺在脱脂棉上，看起来好舒服呀！

1

在盘子上面铺一层脱脂棉，并用喷壶在脱脂棉上洒一些水，然后将一片苹果片放在脱脂棉上。

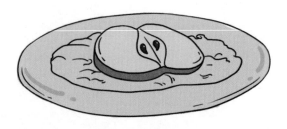

2 在脱脂棉上和苹果切面上均匀地撒几粒绿豆。

一定要做好密封工作哦！

3 在盘子上套一个透明塑料袋，然后将盘子轻轻地端起来，放到阳光充足的窗台上。

会有什么神奇的现象发生呢？

4 几天后，观察脱脂棉上的绿豆有什么变化。

观察结果

你会发现，脱脂棉上的绿豆已经发出芽了，慢慢长成了绿色的幼苗，而苹果片上的绿豆却没有长出幼苗。

 怪博士爷爷有话说

在这个实验中，苹果和绿豆好像相互克制。这是因为苹果的果肉中含有一些阻碍种子萌芽的物质，这些物质会抑制种子发芽。只有当水果果肉完全腐败后，果肉中的抑制剂才会失去作用。

39. 种子爆炸的威力

将种子种在石膏里，会有什么反应？是石膏坚硬还是种子萌发的力量大呢？看完下面这个实验，你就会知道答案。

准备工作

- 几粒豌豆和菜豆
- 一个空金属罐
- 一个透明塑料杯
- 石膏
- 水

跟我一起做

1 在罐子里用水搅拌石膏，形成乳白色的黏稠物。

抓一把豌豆和菜豆种子扔进罐子里。

将种子扔进罐子后会有变化吗？

将混有种子的"石膏块"倒进透明的塑料杯子里。

观察结果

几天过后，你会看到杯子上出现了裂缝，再过一段时间，杯子被撑破了。

怪博士爷爷有话说

在"石膏块"里，种子吸收到水分，体积越来越大，"石膏块"不断向外扩张，很快就将杯子撑破了。

40. 疯狂的凤仙花果实

你见过会爆炸的果实吗？真的存在这种植物哦，它就是凤仙花。

准备工作

● 一株果实已经成
　　熟的凤仙花

凤仙花的果实到底
有什么神奇的地方呢？

跟我一起做

 靠近凤仙花，选择一颗已经成熟的果实。

 用食指和大拇指轻轻捏一下果实，会有什么情况发生?

观察结果

随即这颗果实就在你的手中"爆炸"了，果实里面的花籽也弹射了出来。

怪博士爷爷有话说

凤仙花的果实成熟以后，果壳的五条缝隙已经松动，果荚的内外层处于紧绷的状态，只要一碰触就会爆开，里面的花籽就会向外弹射出来。

41. 没有种子也能发芽

小朋友陪着爸爸妈妈买菜的时候，会看到胡萝卜头部也会长出茎和叶。你们猜一猜，切下来的胡萝卜也会长出茎和叶吗？

准备工作

- 一些湿润的沙子
- 一根胡萝卜
- 一只浅碗
- 一把小刀

跟我一起做

1 向碗里倒入一些湿润的沙子。

用刀切下一段胡萝卜的尾部。

2

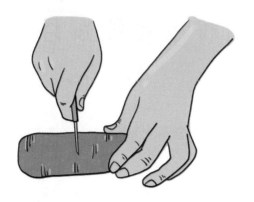

切的时候一定要注意安全！

3

将切下来的胡萝卜切口朝下插进沙里。

4

将碗放在阳台上阳光能照到的地方，静置一周，沙子要始终保持潮湿的状态。

观察结果

一周过后，你会看到胡萝卜头部冒出绿色的嫩茎和嫩叶并开始生长。

怪博士爷爷有话说

切下来的胡萝卜包括了一部分茎和根，它含有胡萝卜生长所需的物质。胡萝卜的根里储藏着很多养分。只要有水，胡萝卜头部就会冒出茎来，然后再长出叶子。

42. 蛋壳生根

根对于植物的意义可是十分重大的，它就像是房子的地基一样，能固定植物，也能吸收、运送、储存土壤中的养分和水分。为了充分发挥作用，根还加大了自己的体力，这不，它居然穿透了蛋壳。

准备工作

- 一袋太阳花种子
- 一个玻璃杯
- 一只蛋壳
- 水
- 栽培土

跟我一起做

种子经过浸泡，会更容易发芽吗?

1 将太阳花种子放进一个玻璃杯里，然后在玻璃杯里加入适量的水，让种子浸泡一晚上。

2 第二天，将太阳花种子从玻璃杯里滤出，放在一边备用。在蛋壳中加入适量的栽培土，然后将太阳花种子埋进土里。

3 将玻璃杯里的水倒掉，将蛋壳小心地立放在玻璃杯里，放在阳光充足的阳台上。每天向土中浇少量的水。

4 一周过后，把蛋壳从玻璃杯里取出来，观察太阳花有什么变化。

观察结果

你会看到，太阳花的根从蛋壳底部钻出来了。

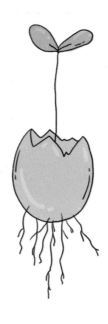

怪博士爷爷有话说

　　实验中，太阳花的种子在湿润的土壤中发芽，生出了胚芽。生出胚根后，太阳花幼苗就在土壤中生根，并且从土壤中吸收水分和营养。慢慢的，苗壮成长的根就从蛋壳中穿透出来，看起来好像是蛋壳生根一样。

43. 拦腰切断的新生命

你能想象得出某些植物的茎被切断以后还会长出新的植株的情形吗？跟我一起做下面的实验吧！

准备工作

- 一株盆栽绿萝
- 一把剪刀
- 一个玻璃杯
- 水

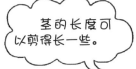

茎的长度可以剪得长一些。

跟我一起做

1 将绿萝的一枝带叶子的茎剪下来。

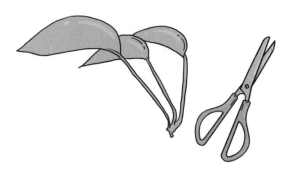

2 向玻璃杯里装水，然后将植物的切口浸入玻璃杯的水中。

3 连续几天观察植物的茎。

会有什么新发现呢？

观察结果

几天过后，你会发现植物的茎上会长出小根来。

怪博士爷爷有话说

　　许多盆栽植物会从切下来的茎上长出枝来，例如吊兰、常春藤等。这是植物除了用种子萌发新苗的另一种繁殖方式——营养繁殖。如果要让切下来的茎继续生长，就必须将它种在土里，这样它才会长成一棵新的植株。

　　有小朋友可能会问："什么是营养繁殖呢？"我给大家讲讲。

　　高等植物的一部分器官脱离母体后能重新分化发育成一个完整的植株的特性，叫作植物的"再生作用"。营养繁殖就是利用植物营养器官的这种再生能力来繁殖新个体的方法。营养繁殖的后代来自同一植物的营养体，它的个体发育不是重新开始，而是母体发育的继续，因此开花结实早，能保持母体的优良性和特征。但是，有的植物长期进行营养繁殖还会引起品种退化，例如山药。看来植物还真是具有千奇百怪的特性哦！

44. 秋海棠的繁殖方式

秋海棠的植株矮小，叶色娇嫩光亮。花朵成簇，色泽柔丽，花色有红、白、粉红以及中间色等。养护好的话，四季都能开花。秋海棠的繁殖方式比较特别，我们一起来看看吧。

准备工作

- 一片绿色的秋海棠叶片
- 泥炭细末
- 栽培土
- 一个花盆
- U 形金属钉
- 一把水果刀
- 一个装有水的喷雾瓶
- 透明保鲜膜

跟我一起做

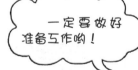

一定要做好准备工作哟！

1 在花盆里装上栽培土和泥炭细末的混合物。

2 用喷雾瓶向花盆中喷水，保持土壤湿润。

3 用水果刀在叶片上切出几个切口来。

固定时，动作要轻柔，不要破坏叶子。

用 U 形金属钉将叶片固定在湿润的土壤里，向叶子上喷水。 **4**

用保鲜膜罩住花盆，并保持土壤湿润。放置一个月左右，观察情况。 **5**

观察结果

你会看到，在切口处长出新的根和茎。

怪博士爷爷有话说

　　小朋友们是不是觉得秋海棠的繁殖方式很特别呀！实际上秋海棠可以通过细胞分裂进行无性繁殖，每一片叶子都能发育成一株新的植物。像这样由叶子发育而来的子体是母体的克隆产物，也就是说，它们有着完全相同的基因。对克隆感兴趣的小朋友，可以查查克隆到底是怎么回事。

45. 新栽月季盆栽

妈妈从邻居阿姨那里要来了一根月季枝,准备教我如何栽植月季,小朋友,快来跟我一起学习吧!

准备工作

- 一根活的月季枝
- 栽培土
- 一个花盆
- 一把剪刀
- 一个装有水的喷雾瓶
- 一个透明塑料袋
- 一根橡皮筋

跟我一起做

1

在花盆里装满栽培土,并浇水保持土壤湿润。

马上就要拥有属于我的月季盆栽嗒!

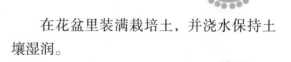

2

请爸爸妈妈用剪刀从一株已经生长了一年以上的月季上剪取一根约8厘米长的枝。

3 将月季枝插进湿润的土壤中并浇水。

4 在外面罩上一个透明塑料袋，下端开口处用橡皮筋扎好。

5 一个月过后，观察月季枝的变化，这期间要保持土壤湿润。

观察结果

被剪下来插到土里的枝条发芽了，枝条下面还长出新的根，上面长出了小叶子。当叶子长出来以后，你可以给它通通风。再过一段时间，就可以将塑料袋彻底摘掉。注意按时浇水和晒太阳。

怪博士爷爷有话说

月季可以进行无性繁殖，子体是母体的一部分，并且能发育成跟母体完全一样的个体，这样的繁殖方式实际上也是克隆。

46. 重新组合的仙人掌

奇怪，这盆仙人掌为什么长得东倒西歪的？妈妈告诉我，这是她精心设计的形状。下面我们一起来学习仙人掌重新组合的栽培方法。

准备工作

- 两盆大的柱形仙人掌
- 报纸
- 厚橡胶手套
- 一把水果刀
- 一团线
- 仙人掌肥料
- 一个喷雾瓶

跟我一起做

1 将报纸铺在桌子上。

切的时候，一定要注意安全！

2 请爸爸妈妈帮忙将两盆仙人掌的头部切下来。

让四个切面稍微干燥一下。

 带上手套,将切下来的头部交错放在另一株仙人掌的身体上。

用绳子将重新组合的
仙人掌固定好。

用水充分溶解仙人掌肥
料,将肥料溶液装到喷雾瓶里,喷洒到
两盆仙人掌上。

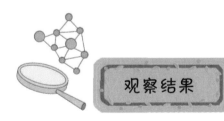

一定要喷洒
均匀哟!

观察结果

仙人掌会继续生长,在两部分对
接的地方,还长出了新的分枝。

怪博士爷爷有话说

仙人掌也可以进行无性繁殖，在它的某些部位，例如根和茎的末端，有能够进行细胞分裂的分生组织。在分生组织的帮助下，被切割的植株能快速长出新的分枝。不仅如此，分生组织还能通过自身的分裂为植物提供新的细胞，这些细胞自身也会进行分化，长成茎、叶、花或者根。所以，在仙人掌切面处又长出了新的分枝。

47. 变色豆芽

我们都吃过黄豆芽、绿豆芽，为什么豆芽会有不同的颜色呢？

准备工作

- 一块布
- 两个碟子
- 几十粒黄豆
- 一杯水

跟我一起做

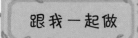

1 将黄豆放在一个碟子里面。

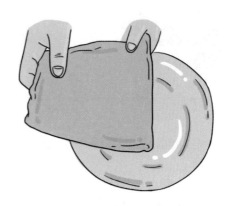

2 每天用水浸湿布，盖在黄豆上，使黄豆能得到充足的水分，并将盘子放在温暖的地方。

几天以后，黄豆长出芽并且两片叶子都是金黄色的。 **3**

4 取出这些豆芽的一半放在另一个碟子里，不用布遮盖，放在阳光充足的地方。

5 剩下的一半仍同以前一样，用布遮严，放在温暖的地方。

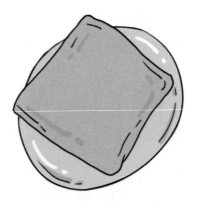

观察结果

两天以后，在阳光照射下的一碟豆芽变绿了，而被布盖着的一碟豆芽仍然呈现金黄色。

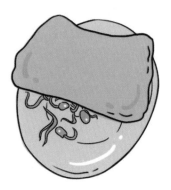

怪博士爷爷有话说

植物体内含有叶绿素、叶黄素、花青素等色素，哪种色素占有优势，植物就会呈现出相应的颜色。放在阳光下的黄豆芽，在阳光的照射下，产生了大量的叶绿素，因而叶子变绿了；而见不到阳光的黄豆芽体内叶黄素占优势，因此叶子呈现出金黄色。

48. 变色的芹菜

我们知道芹菜是绿色的，怎么它还能变色？快来瞧一瞧，到底是怎么回事呢？

准备工作

- 一根带叶的芹菜茎
- 一把水果刀
- 红色食用色素
- 一把小勺
- 一个空罐头瓶
- 一个放大镜
- 水

跟我一起做

1 向罐头瓶里倒大约 3/4 容积的水，然后滴入 10 滴食用色素，并搅拌均匀。

2 用刀将芹菜茎的底部横向切开，将芹菜茎插进瓶子，底部要没入水中。

3 一段时间过后，观察芹菜叶子有什么变化。

取出这根芹菜，在芹菜茎距下端4厘米处，用水果刀将芹菜茎横向切开。用放大镜来观察芹菜茎的横切面。 **4**

观察结果

第三步中，你会惊奇地发现，芹菜叶子竟然变成了红色！

第四步中，你会在横切面的边缘发现一些红色的小点。

怪博士爷爷有话说

　　混有色素的水沿着芹菜茎向上运输，渗入纤细的管道中，最终到达叶子，这样叶子就变成了红色。为什么能在横切面的边缘看见红色的小红点呢？这些小红点就是混有色素的水向上运输到叶子的过程中，溶解在水中的食用色素将位于茎边缘的那些细管染色了。所以在横切面上，这些细管看上去就呈现为红色的小斑点。

49. 变甜的芹菜叶

芹菜有它自己的独有味道，下面这个实验，我们可以把芹菜变甜，小朋友，快来跟我们一起做做看吧。

准备工作

- 两个玻璃杯
- 一把小勺
- 一些白砂糖
- 一张水的标签贴
- 一张糖的标签贴
- 两根带有叶子的新鲜芹菜

跟我一起做

1

在两个玻璃杯中分别倒入半杯水，在其中一个玻璃杯中放入四勺白砂糖，然后用标签贴做好标记。

2

分别在两个玻璃杯中插入一根芹菜。

3 静置两天后，从两根芹菜上分别摘下一片叶子放进嘴中尝尝。

观察结果

你会发现，插在糖水中的芹菜味道甜甜的，而插在清水中的芹菜却没有甜味。

怪博士爷爷有话说

水分是通过植物茎部里的导管向上输送的。溶解在水中的小颗粒物质也可以由茎输送到叶片。土壤中能溶解于水的养分就会随着水分的传输，通过木质部里的导管，输送到每一片叶子的细胞里。所以，插在糖水中的芹菜的叶子尝起来会是甜的。

什么是导管呢？导管是由一种死亡了的只有细胞壁的细胞构成的，而且上下两个细胞是贯通的。它位于维管束的木质部内。它的功能很简单，就是将从根部吸收的水和无机盐输送到植株身体的各处，不需要能量。

50. 卷起来的茎

蒲公英的茎刚才还好好的，怎么这会儿就卷起来了呢?

- 两束蒲公英
- 装有清水的玻璃杯
- 装有盐水的玻璃杯

跟我一起做

1 将两束蒲公英的茎撕开，使其成条状。

2

将一束蒲公英插入装有清水的玻璃杯里,观察蒲公英的茎在有清水中有什么变化。

3

将另一束蒲公英插入装有盐水的玻璃杯里,观察蒲公英的茎在盐水中有什么变化。

会有什么不同的现象呢?

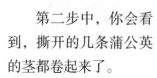

观察结果

第二步中,你会看到,撕开的几条蒲公英的茎都卷起来了。

第三步中,你会看到,蒲公英的茎没有变化或者向内卷曲。

怪博士爷爷有话说

为什么蒲公英茎放在清水和盐水中会做出如此不同的反应呢？让我给大家好好讲一讲。

实验中我们可以看到蒲公英的茎是空心的，它的输导组织位于茎的外壁，上面有许多小空隙。在细胞壁和细胞内物质之间存在一层细胞膜。而细胞膜是一层半透性的薄膜，只有一些特定的物质才可以透过细胞膜进出细胞。这一点非常关键，因为水可以透过薄膜，而盐却做不到。同时，这与渗透作用也有关：两种含盐量不同的盐水溶液被细胞膜隔开，这时水会涌向含盐量高的一边，直到细胞膜两边溶液的盐浓度达到一致。

茎被撕成条状以后，放入水中时，水分可以直接进入细胞内部，而细胞内部的含盐量要比杯子里水的含盐量高，所以茎部吸水膨胀，分叉的两边向外翻卷。当放入盐水中时，就不一样了。有可能细胞内部与杯子里水的含盐量相同或者一高一低，所以才会表现出没有变化或向内卷曲。

51. 常绿的西红柿

西红柿成熟了就会变成红色。不过，我们可以让一个西红柿保持长久的绿色，不变红！跟怪博士爷爷一起做下面的实验吧！

准备工作

- 一株生长的西红柿
- 一碗热水

跟我一起做

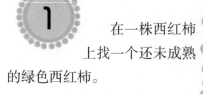

1 在一株西红柿上找一个还未成熟的绿色西红柿。

2 拿来热水，将挑选好的西红柿放在热水里浸泡五分钟。

5 分钟过后，拿出西红柿，将西红柿放在阳光下静置几天。然后观察这株西红柿的变化。 **3**

观察结果

你会发现，其他的西红柿都陆续变红了，而被浸泡过的西红柿仍然是绿色的。

怪博士爷爷有话说

西红柿里含有一种叫作酵素的物质，酵素会产生乙烯气体，从而催熟西红柿。而用热水浸泡西红柿，会破坏西红柿中的酵素，使其无法产生乙烯气体，因此绿西红柿永远不会成熟，会一直都是绿色的。

52. 黄瓜咸菜的秘密

我们都吃过黄瓜咸菜，它为什么不会变质呢？

准备工作

- 黄瓜
- 食盐
- 一把勺子
- 一把水果刀
- 一个盘子

跟我一起做

小朋友们想一想，撒入食盐对黄瓜会有什么影响呢？

1 用刀将黄瓜的 1/3 切下来，用勺子将切下来的黄瓜的瓤挖空，并在挖空的地方撒上食盐。

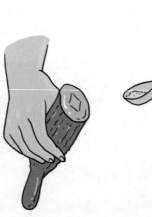

2

将撒上食盐的黄瓜头朝上，与未撒食盐的黄瓜一起放入盘中。

3

几天后，观察两截黄瓜有什么变化？

黄瓜会不会烂掉啊？

观察结果

几天后，从黄瓜挖空的地方倒出许多盐水，黄瓜也变得干瘪，但是却没有坏掉，而未撒食盐的黄瓜已经腐烂。

怪博士爷爷有话说

　　这个实验与渗透现象有关。食盐被黄瓜表面的水分溶解，成为浓盐水。黄瓜细胞里的水分子就会穿过细胞壁，进入浓盐水中，以降低盐水的浓度，于是黄瓜大量失水，变得干瘪。通过这个实验，我们可以知道盐能够将食品里的水分除去，防止食品中微生物的生长，使食品不易腐败，这就是用食盐腌过的食品可以久放不坏的原因。

53. 有变化的胡萝卜

小朋友，你们知道植物的根是如何吸收水分的吗？我们一起来做下面的实验，就知道答案了。

准备工作

- 一根胡萝卜
- 一袋食盐
- 两个装有水的玻璃杯
- 一把小勺子

跟我一起做

1 将一勺食盐倒入一个装有水的玻璃杯里，搅拌片刻，使其溶化。

2 将胡萝卜切成小条，分别放入盛有盐水和清水的玻璃杯里。

3 两小时之后，取出胡萝卜条，用手指挤压它们，看看它们有什么变化？

注意观察胡萝卜条的变化。

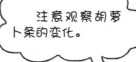

观察结果

你可以发现，放在清水中的胡萝卜条是硬的，甚至比原来还要硬，而放在盐水中的胡萝卜条却变得软绵绵的。

怪博士爷爷有话说

　　这个实验的原理与上个实验有点类似，小朋友们可以回顾一下。我们知道胡萝卜是由无数个细胞组成的。细胞的周边是细胞膜，水可以自由出入细胞膜，但盐却做不到。因此，当细胞体外的液体盐分浓度比细胞内的浓度高时，细胞体内的水分便向外流出，以降低细胞外液体的浓度，于是盐水杯中的胡萝卜条便失去水，变得软绵绵的。清水杯中的胡萝卜条情况正好相反，胡萝卜条的细胞吸收杯中的清水，所以会变硬。

54. 胡萝卜小碗

我们经常看到草坪上有叔叔用割草机割草，但是割完以后，小草非但没有死亡，反而更加旺盛，你们知道这是为什么吗？

准备工作

- 一段胡萝卜头
- 一根铁丝
- 一把小刀
- 一杯水

跟我一起做

1

将胡萝卜头挖空做成小碗。

用铁丝将胡萝卜穿起来挂好。

向胡萝卜小碗里加入水。

可以将盛了水的胡萝卜小碗挂到合适的地方。过一段时间，观察其中的变化。

观察结果

胡萝卜好像发芽了！

没过多久，你会看到胡萝卜小碗的头部长出了嫩芽。

怪博士爷爷有话说

　　在原来长叶子的地方，新的胡萝卜叶又重新长了出来，这是因为胡萝卜可生长的部分没有切掉，被留了下来。也就是说，胡萝卜的生长中心是在胡萝卜的头上。而草的生长中心位于茎的底部，大约位于根和茎之间较粗大部位的交接处。只要没有把草的生长中心切割掉，那么小草还是会长出来的。小朋友们，这下都懂了吧！

55. 哪个先挨冻

把生菜、芹菜和大葱都放在冰箱里冷冻，哪个会先冻结呢?

- 一片生菜叶
- 一根芹菜
- 一根大葱
- 一张纸巾

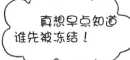

真想早点知道谁先被冻结!

跟我一起做

1 将生菜叶、芹菜、大葱放在纸巾上，再放进冰箱的冷冻室。

2 每隔两分钟打开冷冻室的门，看看哪一种蔬菜最先冻结。

观察结果

生菜和芹菜会先冻结，而大葱则要很长的时间才会冻结。

怪博士爷爷有话说

为什么会这样呢？主要是因为表面积越大的蔬菜，热量散失得越快，所以也更快冻结。如果是菜叶面积相同的不同蔬菜放在一起，就要考虑别的影响因素了。

56. 芥菜为什么不怕霜冻

为什么冬天结冰了而芥菜却能完好无损地生长，而其他的蔬菜却会被冻死呢？下面我们就来揭开芥菜为什么不怕霜冻的原因吧！

准备工作

- 一袋盐
- 两个纸杯
- 一把勺子
- 一支笔

跟我一起做

1 将两个纸杯都装满水。在一个杯子上写上"盐"字，在另一个杯子上写上"清"字。

在写有"盐"字的纸杯里倒入一勺盐，搅拌均匀。

3 将两个杯子都放进冰箱的冷冻室。

4 每隔两小时打开一次冰箱冷冻室的门，观察一下纸杯里的水的冻结情况。

到底哪个纸杯里的水会先冻结呢？

观察结果

不管放多久，盐水都不会像清水那样冻得很坚硬。

怪博士爷爷有话说

往水里加盐，会让水的凝固温度下降。也就是说，清水结成冰的温度会比盐水结成冰的温度高。在上一个实验中我们知道，叶子面积越大的蔬菜，越快冻结。但是溶解在细胞液中的养分数量也会影响蔬菜冻结的速度。养分浓度越大，蔬菜越不容易冻结。豆类、黄瓜、茄子、南瓜和番茄等，不能忍受一丁点的霜，所以在冬天就需要在温室里种植，而花椰菜、抱子甘蓝、卷心菜、羽衣甘蓝、芥菜和萝卜等，很严重的霜对它们也无可奈何。在这些耐寒的蔬菜中，像芥菜、花椰菜等蔬菜，它们的叶子很大，却也能耐寒，这就是养分浓度大比表面积起了更大的作用。也就是说，叶片中的溶解养分能帮助叶片抵御严寒。

57. 马铃薯上的白糖

两个马铃薯上同样放上白糖，为什么一个溶化，一个没有溶化呢？

准备工作

- 两个马铃薯
- 一袋白糖
- 一个盘子
- 一把水果刀
- 一把小勺子

煮马铃薯时要注意，别烫到自己哦！

跟我一起做

1 取两个马铃薯，将其中的一个马铃薯用开水煮熟。

2 将两个马铃薯的两头各削去一片，在两个马铃薯的一头各挖一个洞，在每个洞里各放一勺白糖，然后将它们直立在有水的盘子里。

观察结果

几个小时后，你会看到，生马铃薯里的白糖溶化了，而熟马铃薯里面依旧是白糖颗粒。

怪博士爷爷有话说

马铃薯煮熟后，内部的细胞已经遭到破坏，失去渗透的功能，所以白糖不会溶化。而生的马铃薯内部细胞是活的，经过吸收水分，白糖浸水就会溶化。

58. 有字的苹果

超市里卖的苹果还有字呢，你知道这个字是怎么来的吗?

准备工作

- 一个红富士苹果
- 一张遮光纸
- 一支水彩笔
- 一把剪刀

跟我一起做

1 在苹果树上选一个已经长大、快要变红的、果形端庄的红富士苹果。

2 在纸上根据苹果的大小写出要写的字，然后用剪刀将有字的部分剔空，再将镂空的纸片贴在苹果朝阳的一边。

观察结果

到秋天苹果成熟时，将贴在苹果上的纸片去掉，苹果上就会出现你写出的字。

怪博士爷爷有话说

苹果里含有叶绿素、叶黄素、花青素等色素。叶绿素呈绿色，果实成熟的时候，叶绿素会分解消失；叶黄素会使果实呈现黄色，它在植物体内又会转化为花青素，花青素在酸性溶液中呈红色。苹果在阳光的照射下，生命活动旺盛，酸性物质增加，花青素就变成红色，使苹果一面呈现鲜红的颜色。被纸片遮住的部分，缺少阳光照射，花青素仍然保持着淡青色。这样，苹果上就"长"出了字。

59. 橘子火花

橘子也会迸发出美丽的火花？道理其实很简单，下面我们就来做做看吧！

准备工作

● 一根蜡烛
● 一盒火柴
● 一个橘子

跟我一起做

1 剥开橘子，留下橘子皮备用。（要尽量将橘子皮剥成较大的块，方便后面的操作。）

2

找一间黑暗的房间，点燃蜡烛，双手用力拧橘子皮，然后将橘子皮靠近蜡烛的火焰。

3

仔细观察，靠近以后会发生什么现象？

观察结果

你不仅能听见爆裂声，还可以看见美丽的火花。

怪博士爷爷有话说

橘子皮里含有丰富的挥发油，这种挥发油具有很强的挥发性。当橘子皮靠近蜡烛火焰时，挥发油会猛烈燃烧，发出爆裂声，并且迸发出火花。实验过程中要注意安全哦！

60. 膨胀的葡萄干

想知道葡萄干遇水会发生什么变化吗？跟随我们一起做下面的实验吧！

准备工作

- 一袋葡萄干
- 一个玻璃杯
- 水

跟我一起做

葡萄干好像在水里游泳呢！

1 在玻璃杯中装些清水。

2 将葡萄干放进玻璃杯中。

静置一个晚上后，再观察杯中的葡萄干。

观察结果

你会发现，葡萄干膨胀变软了，并且外皮变得很光滑。

怪博士爷爷有话说

在渗透的过程中，水分子会通过植物的细胞膜，从溶液浓度小的一侧向溶液浓度大的一侧移动。干瘪的葡萄干里水分很少，所以它们的溶液浓度大，因此杯子里的水就会穿过葡萄干的细胞膜进入葡萄干的细胞中。当葡萄干的细胞中充满水分时，葡萄干就会膨胀变软，外表也变得光滑起来。

参考文献

[1] 李继勇．植物百科全书 [M]. 保定：河北大学出版社，2014.

[2] 华业．中国学生不可不知的 1 008 个植物常识 [M].北京：石油工业
    出版社，2010.

[3] 李云飞，朱诺．有趣植物早知道 [M].杭州：浙江少年儿童出版社，
    2013.

[4] 葛林堡．植物的游戏 [M].昆明：云南教育出版社，2010.